BEI GRIN MACHT SICH IHR WISSEN BEZAHLT

- Wir veröffentlichen Ihre Hausarbeit,
  Bachelor- und Masterarbeit

- Ihr eigenes eBook und Buch -
  weltweit in allen wichtigen Shops

- Verdienen Sie an jedem Verkauf

Jetzt bei www.GRIN.com hochladen und kostenlos publizieren

Sebastian Lukas

Die Entstehung des auf der Erde bekannten Lebens im Universum und die Suche nach ähnlichem Leben außerhalb des Planeten Erde

GRIN Verlag

Bibliografische Information der Deutschen Nationalbibliothek:

Die Deutsche Bibliothek verzeichnet diese Publikation in der Deutschen National-
bibliografie; detaillierte bibliografische Daten sind im Internet über http://dnb.d-
nb.de/ abrufbar.

Dieses Werk sowie alle darin enthaltenen einzelnen Beiträge und Abbildungen
sind urheberrechtlich geschützt. Jede Verwertung, die nicht ausdrücklich vom
Urheberrechtsschutz zugelassen ist, bedarf der vorherigen Zustimmung des Verla-
ges. Das gilt insbesondere für Vervielfältigungen, Bearbeitungen, Übersetzungen,
Mikroverfilmungen, Auswertungen durch Datenbanken und für die Einspeicherung
und Verarbeitung in elektronische Systeme. Alle Rechte, auch die des auszugsweisen
Nachdrucks, der fotomechanischen Wiedergabe (einschließlich Mikrokopie) sowie
der Auswertung durch Datenbanken oder ähnliche Einrichtungen, vorbehalten.

Impressum:

Copyright © 2012 GRIN Verlag GmbH
Druck und Bindung: Books on Demand GmbH, Norderstedt Germany
ISBN: 978-3-656-87747-9

Dieses Buch bei GRIN:

http://www.grin.com/de/e-book/287350/die-entstehung-des-auf-der-erde-bekannten-
lebens-im-universum-und-die-suche

GRIN - Your knowledge has value

Der GRIN Verlag publiziert seit 1998 wissenschaftliche Arbeiten von Studenten, Hochschullehrern und anderen Akademikern als eBook und gedrucktes Buch. Die Verlagswebsite www.grin.com ist die ideale Plattform zur Veröffentlichung von Hausarbeiten, Abschlussarbeiten, wissenschaftlichen Aufsätzen, Dissertationen und Fachbüchern.

Besuchen Sie uns im Internet:

http://www.grin.com/

http://www.facebook.com/grincom

http://www.twitter.com/grin_com

„Die Entstehung des von der Erde bekannten Lebens im Universum und die Suche nach ähnlichem Leben außerhalb des Planeten Erde"

Maria-Wächtler-Gymnasium Essen

Projektarbeit im Projektkurs Chemie 12

Schuljahr 2011/2012

vorgelegt von Sebastian Lukas

am 04.06.2012

Inhalt

I. Einleitung

Biologiebücher für die fünfte Klasse beginnen häufig mit dem Kapitel „Lebewesen haben bestimmte Kennzeichen". Die Kennzeichen des Lebens seien demnach unverkennbar: Bewegung und Wachstum, Stoffwechsel (Metabolismus), Reizbarkeit und Fortpflanzung.[1] Betrachtet man nun allerdings das einfache Feuer, so ergeben sich schon Konflikte bei der Definition für Leben. Feuer bewegt sich und wächst; es betreibt Stoffwechsel, denn bei der Oxidation werden Stoffe umgewandelt; es ist zudem auch reizbar, denn es reagiert auf die vorhandenen Brennstoffe und äußere Einflüsse wie Feuchtigkeit; und Feuer pflanzt sich in gewisser Weise fort, wenn es bei einem Waldbrand naheliegende Waldgebiete auch in Brand setzt. Ist Feuer nun Leben?

Die Frage, was überhaupt Leben ist, und wie man es definieren kann, beschäftigt schon lange viele Forscher und Naturwissenschaftler. Bis heute wurde keine allgemein anerkannte Definition für das Leben gefunden. Es gibt einige Definitionsversuche und sogenannte „Arbeitsdefinitionen", die als ausreichende Definitionen für bestimmte Bereiche genutzt werden. Aber gerade, wenn Menschen beginnen, ihre Augen auf Sterne und Planeten in Lichtjahren Entfernung zu richten, dann müssen Definitionen universell anwendbar sein. In der Astrobiologie sucht man nach Spuren des Lebens im All – ohne genau zu wissen, was das Leben eigentlich ist. Dennoch muss versucht werden, mehr über verschiedene Formen des Lebens herauszufinden und Gemeinsamkeiten zwischen verschiedenen entdeckten Formen zu einer allgemeinen Definition zusammenzufügen. Dies ist das Ziel vieler moderner astrobiologischer Forschungen.

So lässt sich in (naher?) Zukunft vielleicht herausfinden, ob wir die einzigen Lebewesen im Universum sind, ob Leben eine Seltenheit ist oder ob es geradezu im Überfluss vorhanden ist. Die Suche nach extrasolaren Planeten soll die Neugier der Menschheit befriedigen und vielleicht schon bald die große Frage der Drake-Gleichung beantworten: Können wir wirklich Kontakt mit intelligenten Lebensformen außerhalb der Erde aufnehmen?

---

[1] Vgl. Roman Claus u.a.: Natura 1, Biologie für Gymnasien Nordrhein-Westfalen (2. Auflage), Klett, Stuttgart 2004, S. 10.

II. Hauptteil

1. Was ist Leben?

1.1 Das bekannte Leben auf der Erde und seine Kennzeichen

Das Leben auf der Erde existiert in einer unvorstellbar großen Vielfalt. Nur ein kleiner Bruchteil aller bekannten Arten sind Tiere und Pflanzen, ein großer Teil Bakterien und andere Mikroorganismen. Dabei sind die Lebewesen sehr unterschiedlich – eines der größten Lebewesen der Erde ist ein Espenhain in Utah, USA. Auch wenn der Hain wie ein Wald aus vielen Bäumen aussieht, ist es in Wirklichkeit ein einziger Organismus, der über 47.000 Stämme besitzt und sich über eine Fläche von über 400.000 Quadratmeter erstreckt.[2] Auch das Great Barrier Reef, ein Korallenriff vor der Küste Australiens, erstreckt sich über eine Fläche von etwa 344.000 Quadratmetern und ist der einzige zusammenhängende lebende Organismus auf der Erde, der aus dem Weltall gesehen werden kann.[3] Im Gegensatz dazu sind einige Mikroorganismen, darunter Einzeller, so klein, dass sie nur unter Mikroskopen beobachtet werden können.

Als wichtigste Funktionen des Lebens werden Fortpflanzung und Metabolismus genannt und – zusätzlich zu diesen Merkmalen aus dem zu Anfang erwähnten Biologiebuch – eine Evolution.[4] Aber die Evolution wirft wieder einige Fragen auf. Zwar ist es möglich, Organismen über Jahrmillionen zu studieren, indem nach Fossilien und bestimmten chemischen Produkten des Metabolismus gesucht wird, sowie auch die Entwicklung des lebenden Organismus zu analysieren. Darüber kann die Entwicklungsgeschichte eines Organismus in vielen Fällen gut nachvollzogen werden. Das Problem entsteht, wenn man versucht, eine Evolution bei dem ersten Leben, das überhaupt je auf der Erde existierte, nachzuweisen, denn „unser erster gemeinsamer Vorfahre, das erste Lebewesen, [hat] keine Spuren hinterlassen"[5].

Die ausschlaggebenden Fähigkeiten von Lebewesen können einfacher formuliert werden, wenn man das Leben allgemeiner betrachtet. Die Prozesse auf molekularer Ebene sind bei allen Lebewesen sehr ähnlich: Sie nutzen und organisieren Energie und Substanzen in einer Weise, die sie *am Leben erhält*, und sie sind in der Lage, ihr Erbgut weiterzugeben – nur Re-

---

[2] Vgl. Lawrence E. Hunter: The Processes of Life, An Introduction to Molecular Biology, The MIT Press (Massachusetts Institute of Technology), Cambridge, Massachusetts 2009, S. 5.

[3] Vgl. http://en.wikipedia.org/wiki/Great_Barrier_Reef (02.04.2012 13:03), Great Barrier Reef – Wikipedia, Autor unbekannt.

[4] Vgl. Hunter 2009, S. 4.

[5] Marcelo Gleiser: Die unvollkommene Schöpfung, Spektrum Verlag/Springer Verlag, Heidelberg 2011, S. 277.

produktion ermöglicht die Existenz einer Art über längere Zeiträume.[6] Doch was bedeutet *am Leben erhalten*?

1.2 Definitionsversuche

Das Leben kann viele Gestalten annehmen. Möglicherweise hat eine beliebige Lebensform sich seit ihrem ersten Auftreten zu einem komplexen Vielzeller entwickelt – sie hatte eine Evolution – oder sie liegt immer noch als Einzeller vor. Was soll man zum Leben zählen, und was nicht? Auf der Suche nach einer allgemeingültigen Definition darf nicht nur das bekannte Leben auf der Erde berücksichtigt werden, welches auf Kohlenstoffverbindungen basiert. Gegenbeispiele, wie verschiedene Extremophile, haben einen unterschiedlichen biochemischen Aufbau[7], aber auch solche Organismen muss eine eindeutige Definition einschließen.

Um überhaupt den Ursprung und die entscheidenden Merkmale herauszustellen, die lebende von lebloser Materie abgrenzen, muss man zunächst das komplexere Leben außer Acht lassen und sich auf einen Einzeller, die kleinste mögliche Lebensform, konzentrieren. Einzeller werden als Basiseinheit des Lebens angesehen. Was also unterscheidet eine lebendige Zelle von sonstiger lebloser Materie?

1.2.1 Funktionen, Instruktionen und Evolution

Biologisch gesehen lassen sich einige immer wieder auftretende Eigenschaften benennen, die bei jeder Form des Lebens beobachtet werden können. Es wird angenommen, etwas sei „'lebendig', wenn es wächst, sich entwickelt, auf Umweltreize reagiert, sich selbstständig reproduziert und Energie verbraucht"[8]. Einige Eigenschaften treffen allerdings auch auf einige eindeutig chemische Prozesse zu, zum Beispiel auf Kristalle und das Feuer (vgl. Einleitung). Zudem wird diese Definition oft als Zirkeldefinition angesehen, da sie Lebewesen darüber definieren, was Lebewesen gewöhnlich tun.[9]

Die Funktionen eines jeden Lebewesens folgen immer einem bestimmten Satz von Instruktionen. Diese Instruktionen sind bei dem von der Erde bekannten Leben in der DNA und der RNA enthalten, also im Organismus selbst eingebunden, und werden bei der Reproduktion

---

[6] Vgl. Hunter 2009, S. 11.
[7] Vgl. http://www.astrobio.net/exclusive/3148/the-search-for-life-on-earth (14.03.2012 19:19), Astrobiology Magazine, Henry Bortman: The Search for Life on Earth.
[8] http://www.epochtimes.de/587404_was-ist-leben-.html (14.03.2012 19:28), Epoch Times Deutschland, Leonardo Vintiñi: Was ist Leben?
[9] Vgl. Jack Challoner: The Science of... Aliens, Prestel Verlag, München/Berlin/London/New York 2005, S. 50.

weitergegeben. Dabei sind die Instruktionen selbst veränderbar und erfahren durch die Vorgänge der Mutation und Rekombination einen Wandel in der Zeit – die Grundvoraussetzung für eine Evolution. Prozesse des Feuers oder der Kristalle folgen im Gegensatz dazu immer den physikalischen Gesetzen. Aus diesem Grund verhält sich sowohl das Feuer als auch ein Kristall immer gleich, unabhängig von dem Zeitpunkt in der Geschichte des Universums, an dem man beispielsweise den ablaufenden Wachstumsprozess betrachtet. Feuer und Kristalle haben also keine Mutationen; daher gibt es keine Evolution. Durch Veränderungen der DNA bei der Reproduktion können hingegen Mutationen entstehen – dies ist beim Feuer und bei Kristallen nicht möglich.

Laut Dr. Benton Clark von der Universität Colorado ist Mutation „der Schlüssel, um zu verstehen, ob etwas über eingebettete Instruktionen verfügt"[10]. Clark unterscheidet weiterhin zwischen Organismen und Lebensformen. Während Organismen nach den eingebetteten Instruktionen funktionieren und sich damit selbst erhalten, ist die Lebensform eine Zusammenlegung vieler gleich aufgebauter Organismen (eine Art), die auch die Reproduktion des gesamten Organismus (d.h. nicht nur die Replikation einer Zelle) erlaubt. Einzelne Organismen einer sich ausschließlich sexuell fortpflanzenden Lebensform sind unter Umständen durch ihre Individualentwicklung nicht zur Reproduktion fähig, weil sie zum Beispiel durch eine Mutation beeinträchtigt sind und daher das Zusammenfinden zweier Organismen für die Reproduktion behindert wird.

Dies knüpft an die Evolutionstheorie Darwins aus den 1840er-Jahren an. Darwin stellte fest, dass vererbbare Informationen in Lebewesen von Generation zu Generation weitergegeben wurden. Bei der Weitergabe treten hin und wieder Fehler auf. Einige dieser Fehler führen zu Veränderungen, die sich in der aktuellen Umgebung des Lebewesens als vorteilhaft erweisen, und setzen sich über längere Zeit durch die natürliche Selektion durch. Darwin definierte ein Lebewesen als etwas, das an der Evolution durch natürliche Selektion teilnehmen kann. Dieser Ansatz einer Definition ist sehr vorteilhaft für die moderne Astrobiologie, da er jegliche chemischen Verbindungen oder biochemische Prozesse außer Acht lässt. So lässt sich auch mögliches extraterrestrisches Leben, das nicht auf derselben Chemie aufbaut, wie das Leben der Erde, als Leben erkennen.[11]

---

[10] http://www.astrobio.net/exclusive/226/defining-life (14.03.2012 19:39), Astrobiology Magazine, Leslie Mullen: Defining Life (aus dem Englischen übersetzt).
[11] Vgl. Challoner 2005, S. 50.

1.2.2 Das Ungleichgewicht

Ein anderer Definitionsversuch geht auf Erwin Bauer zurück und wird häufig als *Bauer Principle* bezeichnet. Er macht auf die Unterschiede zwischen physikalischem und biologischem Verhalten aufmerksam. Während physikalisches Verhalten, wie bereits erwähnt, zeitunabhängig ist und allein von den bekannten physikalischen Gesetzen bestimmt wird, zeigen Lebewesen unter den gleichen Randbedingungen unterschiedliches, biologisches Verhalten. Lässt man beispielhaft einen Stein und einen lebenden Vogel von einem Turm fallen, so wird der Stein jedes Mal gleich fallen und auf dem Boden aufschlagen. Der Vogel hingegen wird immer versuchen, in variabler Weise den Sturz aufzufangen und in etwa zu seiner ursprünglichen Höhe zurückkehren. Das biologische Verhalten unterscheidet sich also von physikalischem Verhalten; trotzdem stellte Bauer fest, dass alle genannten – auch von Laien – beobachtbaren Lebensäußerungen oder -merkmale auf physikalisch-chemischen Grundlagen beruhen, und fasste diese Beobachtung folgendermaßen zusammen:

> „Lebende Systeme, und eben nur lebende Systeme, befinden sich niemals in einem Gleichgewicht; zudem verrichten sie kontinuierlich zu Lasten ihrer freien Energie Arbeit, um das Zustandekommen eines Gleichgewichts zu verhindern, das innerhalb der gegebenen Randbedingungen laut physikalischen und chemischen Gesetzen eintreten sollte."[12]

Daraus folgen drei Aussagen, über die sich das Leben laut Bauer klar vom Leblosen abgrenzen kann: (1) Lebende Systeme sind niemals im Gleichgewicht, (2) Lebende Systeme verrichten zu jeder Zeit Arbeit, (3) Lebende Systeme initiieren ein Verhalten, das sich von dem von physikalischen und chemischen Gesetzen bestimmten Verhalten unterscheidet.[13]

Lebewesen sind in der Lage, endotherme Reaktionen, d.h. thermodynamisch unfreiwillige Reaktionen, gezielt in Gang zu bringen, indem durch exotherme chemische Reaktionen Energie bereitgestellt wird. Solche Reaktionen werden als gekoppelte Reaktionen bezeichnet. Lebewesen sind damit imstande, die Gesetze der Thermodynamik so zu nutzen, dass Energie in hoher Dichte vorliegen kann. Diese Energie ist u.a. gespeichert in reduzierten organischen Verbindungen und in den Phosphatbindungen der ATP-Moleküle. So kann die Energie gezielt orts- und zeitunabhängig von ihrer Speicherung (-umwandlung) genutzt werden.[14]

---

[12] Attila Grandpierre: Cosmic Life Forms, in: Joseph Seckbach und Maud Walsh: From Fossils to Astrobiology, Springer Science + Business Media B.V., Jerusalem/Los Angeles 2009, S. 375.
[13] Vgl. Grandpierre 2009, S. 375.
[14] Vgl. Hunter 2009, S. 66ff.

1.2.3 Die Arbeitsdefinition

Möglich jedoch ist, dass auch diese Kriterien noch zu spezifisch sind und bei der Suche nach Leben außerhalb der Erde nicht weiterhelfen. Verschiedene Naturwissenschaftler argumentieren, dass man das Leben nicht an seinen Merkmalen definieren könne. Eine noch allgemeinere Definition müsse her, die das Leben über seinen Ursprung definiert, und die erst formuliert werden könne, wenn der Mensch verschiedene Formen des Lebens im Universum entdeckt und analysiert hat.[15] Um dieses Leben aber als Leben zu erkennen, muss er sich in nächster Zukunft noch auf die erarbeiteten Definitionsversuche aus den verschiedenen Bereichen der Biologie, Chemie und Physik stützen.

Die Suche nach dem Leben ist ein wichtiger Bestandteil der „NASA Astrobiology Roadmap 2008", und nach Ziel Nummer Sieben muss dafür zuerst einmal herausgefunden werden, welche Signaturen Leben „auf anderen Welten und auf der frühen Erde" hinterlässt bzw. hinterlassen hat. Diese Signaturen werden auch als „Biosignaturen" bezeichnet.[16]

Um weiter nach Spuren des Lebens suchen zu können, wird oft eine „Arbeitsdefinition" verwendet, die Leben als „ein selbstständiges, chemisch reagierendes System, das in der Lage ist, sich aus der Umwelt zu versorgen und mit der Fähigkeit zur Fortpflanzung ausgestattet ist".[17] Mit dieser Arbeitsdefinition wird versucht, die Definitionsversuche aus den unterschiedlichen Fachbereichen zusammenzubringen.

---

[15] Vgl. Horst Rauchfuß: Die chemische Evolution und der Ursprung des Lebens, Springer Verlag, Heidelberg 2005, S. 14.
[16] Vgl. http://astrobiology.nasa.gov/index.php?s=file_download&id=21 (09.02.2012 18:06), NASA Astrobiology Roadmap 2008 (S. 729), David J. Des Marais u.a.
[17] Gleiser 2011, S. 263.

2. Physikalische und chemische Voraussetzungen

2.1 Wasser

2.1.1 Die Bedeutung von Wasser für Leben

Flüssiges Wasser ist eine Voraussetzung für das Leben auf der Erde. Um chemische Reaktionen zu ermöglichen, ist ein Medium erforderlich, in dem sich die Reaktionspartner treffen können. Flüssiges Wasser funktioniert als universales Lösungsmittel, denn das Wassermolekül ist durch den großen Unterschied der Elektronegativitäten von Wasserstoff und Sauerstoff polar. So können verschiedene Salze oder andere Stoffe im Wasser als Ionen vorliegen, da sie durch angelagerte Wassermoleküle stabilisiert werden, und an Reaktionen teilnehmen.

Wasser ist zudem ein Ampholyt; Wassermoleküle können sowohl als Säure als auch als Base an einer Reaktion teilnehmen. In biochemischen Reaktionen, wo Wasser als Lösungsmittel, aber auch als Edukt und Produkt involviert sein kann, ist diese Eigenschaft enorm wichtig.

Eine weitere besondere Eigenschaft des Wassers ist seine Dichteanomalie. Es besitzt in fester Form, als Eis, eine geringere Dichte, als in flüssiger Form. Dies führt dazu, dass Wasserkörper eine Eisschicht nur auf der Oberfläche bilden, unten an seinem Grund aber noch flüssiges Wasser vorhanden bleibt. Hätte Eis – wie andere Feststoffe – eine höhere Dichte als flüssiges Wasser, dann würde ein See von unten nach oben durchfrieren, was wiederum alles Leben in ihm stark gefährden würde.[18]

Da Wasser auf der Erdoberfläche unter Normaldruck nur bei Temperaturen zwischen 0°C und 100°C in flüssiger Form existieren kann, grenzt dies auch die Temperaturspanne für die Existenz von Leben ein. Da die Siedetemperatur druckabhängig ist, kann bei extrem hohen Druck, zum Beispiel am Meeresgrund, flüssiges Wasser sogar bis zu 400°C heiß werden. An diesen Orten leben sogar einige Extremophile. Trotzdem „scheint eine Temperatur von 115°C [...] eine absolute obere Grenze für das Leben darzustellen"[19], denn bei höheren Temperaturen werden molekulare Verbindungen endgültig zerstört.

---

[18] Vgl. http://en.wikipedia.org/wiki/Hypothetical_types_of_biochemistry (20.05.2012 13:43) Hypothetical types of biochemistry – Wikipedia, Autor unbekannt.

[19] Gleiser 2011, S. 264.

2.1.2 Leben ohne Wasser

Alternativ zum Wasser als universales Lösungsmittel lassen sich in der Theorie auch noch andere Stoffe vorstellen. Zum Beispiel könnte flüssiger Ammoniak ebenso ein Lösungsmittel mit amphoteren Eigenschaften darstellen.[20] Auch Schwefelsäure, Formamid (Amid der Ameisensäure) und sogar flüssiger Stickstoff oder flüssiger Wasserstoff (bei sehr niedrigen Temperaturen) kommen als Lösungsmittel infrage. Vollkommen anders könnte es auf dem Saturnmond Titan sein, wo Seen aus flüssigen Kohlenwasserstoffen gefunden wurden.[21] Es könnten so Lebewesen existieren, die flüssige Kohlenwasserstoffe als Lösungsmittel nutzen. Allerdings sind flüssige Kohlenwasserstoffe im Gegensatz zum Wasser oder Ammoniak höchst unpolar. Dadurch wird die Bildung von Ionen größtenteils verhindert.

Ammoniak in flüssiger Form hingegen ist, wie Wasser, polar, und bildet auch Wasserstoffbrückenbindungen. Er kann die meisten organischen Moleküle ebenso gut wie Wasser lösen. Allerdings ist Ammoniak nur bei sehr niedrigen Temperaturen zwischen -78°C und -3°C flüssig. Bei diesen Temperaturen werden chemische Reaktionen deutlich verlangsamt, was ein Problem für das Leben darstellen kann. Trotzdem könnte auf Ammoniak basiertes Leben beispielsweise unter der Oberfläche des Saturnmondes Titan existieren.[22]

Zugegebenermaßen wurde bis heute noch keine Lebensform entdeckt, die nicht Wasser als Lösungsmittel nutzt. Da aber einige andere Lösungsmittel vorstellbar sind, die das Wasser in seiner Funktion als Lösungsmittel ersetzen könnten, wobei insbesondere flüssiger Ammoniak die größte Bedeutung erfährt, ist es durchaus vorstellbar, dass Wasser „weder das Optimum, noch die universelle Lösung, sondern einfach ein geteilter historischer Zufall"[23] des bekannten Lebens ist.

---

[20] Vgl. Gleiser 2011, S. 264.
[21] Vgl. „Technik & Wissen – Geheimnisse des Weltalls: Raumsonden", N24 Dokumentation vom 08.10.2011, aufrufbar unter http://www.n24.de/mediathek/technik-und-wissen-geheimnisse-des-weltalls-raumsonden_29174.html (11.03.2012 16:57).
[22] Vgl. http://en.wikipedia.org/wiki/Hypothetical_types_of_biochemistry (20.05.2012 13:43) Hypothetical types of biochemistry – Wikipedia, Autor unbekannt.
[23] The Limits of Organic Life in Planetary Systems (verschiedene Autoren), The National Academies Press, Washington, D.C. 2007, S. 43 (aus dem Englischen übersetzt); aufrufbar unter http://www.nap.edu/catalog.php?record_id=11919 (20.05.2012 21:36).

2.2 Wesentliche chemische Bestandteile des Lebens

Von der Erde bekanntes Leben setzt sich aus „recht gewöhnlichen Chemikalien"[24] in bestimmten Kombinationen zusammen. So gibt es für Lebewesen auch keine universelle Verallgemeinerung der chemischen Bestandteile. DNA, zentraler Bestandteil des von der Erde bekannten Lebens, kann auch nicht als einziger Indikator für Leben angesehen werden, denn es gibt durchaus Alternativen. Experimente am Medical Research Council in Cambridge brachten künstliche Nukleinsäuren hervor. Diese wurden als XNA bezeichnet, wobei das „X" durch den Anfangsbuchstaben des jeweils verwendeten Zuckers auszutauschen ist. Die Forscher erzeugten z.b. ANA (mit dem Zucker Arabinose) und TNA (mit dem Zucker Threose). Zwar ist die natürliche Replikation mit den XNA-Molekülen nicht möglich, dennoch zeigen sie, dass DNA nicht von Beginn an die einzige Nukleinsäure gewesen sein muss, die das Leben hervorbrachte.[25]

Das Leben auf der Erde beruht nur auf einer Handvoll chemischer Makroelemente wie Kohlenstoff, Wasserstoff, Sauerstoff, Stickstoff, Phosphor, sowie in geringeren Mengen Schwefel, Eisen und anderen als Salzen bzw. Ionen auftretende Elementen.[26] Nur wenige ganz bestimmte Arten ähnlicher Moleküle werden von Lebewesen verwendet. Viele dieser Moleküle sind komplexe Strukturen, die aus Ungleichgewichten hervorgingen, die bei der Entstehung des Lebens herrschen mussten, denn „um asymmetrische Ladungsverteilungen auszugleichen, reagiert Materie und erzeugt komplexe Strukturen"[27]. Die wichtigsten Moleküle für das von der Erde bekannte Leben sind Proteine, Nukleinsäuren, Lipide, Zucker und Stärken, sowie das Adenosintriphosphat (ATP). Dies bedeutet aber noch nicht unbedingt, dass potentielles extraterrestrisches Leben ebenfalls diese Moleküle nutzt.

2.2.1 Proteine

Proteine sind aus ca. 100 bis 1000 Aminosäuren zusammengesetzte Moleküle, wobei die Reihenfolge der Aminosäuren in den Proteinen die einzigartigen Funktionen des Proteins bestimmt. Proteine sind direkt für viele bemerkenswerte Funktionen des Lebens verantwortlich.[28] Zum einen sind sie für die Struktur des Organismus wichtig, zum anderen dienen sie zur Katalyse bei chemischen Reaktionen. Dabei sind ganz bestimmte Proteine für ebenso be-

---

[24] Hunter 2009, S. 2 (aus dem Englischen übersetzt).
[25] Vgl. Hildegard Kaulen: Das andere Alphabet, Frankfurter Allgemeine Zeitung, 25.04.2012.
[26] Vgl. Joseph Seckbach und Maud Walsh: From Fossils to Astrobiology, Springer Science + Business Media B.V., Jerusalem/Los Angeles 2009, S. xviii.
[27] Gleiser 2011, S. 252.
[28] Vgl. Hunter 2009, S. 11f.

stimmte Reaktionen vorgesehen. Proteine verwirklichen die in Kapitel 1.2.2 beschriebenen gekoppelten Reaktionen, indem sie spezifisch die Aktivierungsenergie der Reaktionen erniedrigen. Sie ermöglichen so die zeit- und ortsunabhängige Regelung von chemischen Reaktionen im Organismus.

2.2.2 Nukleinsäuren: DNA und RNA

Nukleinsäuren bestehen aus Nukleotiden (Moleküle mit Phosphat-, Zucker- und Basenbestandteil). Es existieren nur vier verschiedene Nukleotide – im Gegensatz zu den etwa 20 verschiedenen Aminosäuren, die in Lebewesen auftreten.

Die Nukleinsäure DNA (Desoxyribonukleinsäure, kurz DNS, englisch DNA) trägt in Lebewesen alle vererbbaren Informationen des Organismus. DNA ist ein extrem langes Molekül und wird daher als Makromolekül bezeichnet. Es wäre ausgetreckt über sieben Zentimeter lang, aber nur ca. 25 Nanometer breit. Jedes Molekül der Säure enthält dabei alle Informationen, die der Organismus für sein Wachstum und seine eigene Reproduktion benötigt. DNA hat die Fähigkeit, sich selbst zu vervielfältigen. Außerdem ist DNA für die Herstellung von Ribonukleinsäure (englisch RNA) notwendig. RNA wiederum wird für die Synthese aller Proteine benötigt. So können alle benötigten Proteine nach den Instruktionen in der DNA konstruiert werden. Als mRNA (messenger RNA) fungiert RNA als direkter Informationsträger für die Proteinbiosynthese.[29]

2.3 Die Stoffauswahl des Lebens

Das gesamte Leben der Erde beruht auf Kohlenstoffverbindungen in verschiedensten Variationen. So bestehen nicht nur die Nukleotide der DNA zum Teil aus Kohlenstoffgerüsten, sondern auch alle Proteine, Kohlenhydrate und Fette. Stoffen, die aus Kohlenstoffgerüsten bestehen, wurden zuerst in Lebewesen entdeckt und daher als *organische* Stoffe von anderen, *anorganischen* Stoffen der unbelebten Natur abgegrenzt.

Der Grund für die Bedeutung des Kohlenstoffs für das Leben ist die Fähigkeit des Kohlenstoffatoms, bis zu vier Bindungen zu anderen Atomen einzugehen und so lange Ketten, Ringformen oder andere, dreidimensionale Moleküle aus Kohlenstoffen zu bilden. In dieser Weise können Kohlenstoffverbindungen sehr unterschiedliche Formen annehmen und auch verschiedenste Funktionen erfüllen. Durch das Anhängen verschiedenster funktioneller Gruppen,

---

[29] Vgl. Hunter 2009, S. 12ff.

wie zum Beispiel der Hydroxyl-, Carbonyl- oder Carboxylgruppe, verändern sich die Eigenschaften des entstandenen Stoffes wieder enorm und können von großem Nutzen für Lebewesen sein.[30]

Es gibt ein weiteres chemisches Element, das dem Kohlenstoff in seiner Bindungsfähigkeit sehr ähnlich ist: Silizium. Es steht im Periodensystem der Elemente unmittelbar unter dem Kohlenstoff und es ist ebenso wie Kohlenstoff im Universum reichlich vorhanden. Silizium kann ähnliche Moleküle wie Kohlenstoff formen, zum Beispiel Monosilan (SiH_4) analog zum Methan (CH_4). Es kann ebenfalls, wie Kohlenstoff, lange Ketten von Atomen bilden.[31] Allerdings ergibt sich ein offensichtliches Problem bei der Zellatmung, wie sie von allem Leben auf der Erde durchgeführt wird. Als Produkt entsteht CO_2, ein Gas. Bei einer siliziumbasierten Biochemie würde SiO_2 entstehen, welches sofort einen Feststoff bildet: Quarz. Kohlenstoff ist dem Silizium außerdem in einigen anderen Aspekten voraus: Er besitzt viele stabile Oxidationsstufen und kann daher eine große Anzahl stabiler Verbindungen aufbauen. Kohlenstoff hat zudem eine große Neigung, mit sich selbst zu reagieren. In der organischen Chemie zählt man daher etwa fünf Millionen verschiedene Verbindungen.[32]

Fände man extraterrestrisches Leben irgendwo im Universum, dann würde es wahrscheinlich wie das Leben auf der Erde auf Kohlenstoffverbindungen aufbauen, auch wenn es vielleicht keine DNA benutzen würde. Diese Stoffauswahl ist für Lebewesen am vorteilhaftesten.[33]

Am NASA Astrobiology Institute an der Universität von Hawaii führten Wissenschaftler ein Experiment durch, das die Auswahl der nur 20 Aminosäuren des Lebens ergründen sollte. Es sollte herausgefunden werden, ob diese Aminosäuren zufällig ausgewählt worden sind, oder ob es die einzigen möglichen waren, die sich für das Leben eigneten. Die Versuche zeigten, dass das frühe Leben auf der Urerde die Aminosäuren durch eine natürliche Selektion ausgewählt hat. Es gab keine andere Kombination von Aminosäuren, die so erfolgreich bei der Reproduktion war, wie die im Leben existierende Kombination.[34] Es zeigt, dass die Stoffauswahl des Lebens auf den am besten geeigneten Stoffen beruht, und dass diese durch einen langen frühen Evolutionsprozess durch natürliche Selektion ermittelt wurden.

---

[30] Vgl. Hunter 2009, S. 62ff.
[31] Vgl. http://www.daviddarling.info/encyclopedia/S/siliconlife.html (19.05.2012 13:37) David Darling: Silicon-based Life.
[32] Vgl. http://www.studentshelp.de/d/referate/pdf/3186.pdf (19.05.2012 13:27) Jan Breddin: Vergleich Kohlenstoff und Silizium.
[33] Vgl. Challoner 2005, S. 50f.
[34] Vgl. http://www.astrobio.net/exclusive/4161/amino-acid-alphabet-soup (21.05.2012 12:15) Astrobiology Magazine, Clara Moskowitz: Amino Acid Alphabet Soup.

2.4 Die Chiralität des Lebens

Komplexe Moleküle, die das Leben verwendet, so u.a. verschiedene Aminosäuren, enthalten asymmetrische Kohlenstoffatome. Solche Atome besitzen vier verschiedene Substituenten, weshalb sie sich nicht durch Drehung um Einfachbindungen ineinander überführen lassen. Diese Eigenschaft wird als *Händigkeit* oder *Chiralität* bezeichnet, die Moleküle als *Stereoisomere* (bzw. *Enantiomere*) in L- und D-Form. Außerdem drehen diese Stereoisomere die Ebene des polarisierten Lichts.

Bei Laborexperimenten sind beide Stereoisomere in den Produkten gleich häufig vertreten, solange keine chiralen Edukte, Katalysatoren oder bestimmte Oberflächen vorhanden sind. Es entsteht dann ein racemisches Gemisch, gleichermaßen aus L- und D-Formen der Moleküle zusammengesetzt. Das Leben hingegen produziert bei den scheinbar gleichen chemischen Prozessen aufgrund der Raumstruktur der Proteinkatalysatoren fast ausschließlich L-Stereoisomere, also nur Moleküle, die gleichermaßen chiral sind.

Es gibt verschiedene Ansätze, die Chiralität des Lebens zu erklären. Einem Ansatz nach konnte das Leben erst entstehen, als eine chirale Reinheit gegeben war, denn die „Händigkeit des Lebens ist unzertrennlich mit ihrer molekularen Wirkungsweise verbunden"[35]. Dies setzt ein anfängliches System mit nahezu gleich vielen D- und L-Stereoisomeren voraus. Dabei ist das „nahezu" entscheidend, da der leichte anfängliche Überschuss durch autokatalytische Reaktionen eben diesen Überschuss verstärken würde.

Hier gibt es erneut verschiedene Versuche, die anfängliche Asymmetrie der Chiralität zu erklären. Zum einen könnten die immer linkshändigen Neutrinos der Auslöser gewesen sein. Dies würde bedeuten, dass jedes Leben im Universum dieselbe Chiralität besitzt. Allerdings ist diese Erklärung aufgrund des enormen Größenunterschieds zwischen Neutrinos und Biomolekülen eher unwahrscheinlich. Eine andere Erklärung bezieht sich auf die Einwirkungen von stark zirkular polarisierter UV-Strahlung, die auf das Sonnensystem gerichtet gewesen sein könnte, als es an einem Gebiet der Sternenentstehung vorbeizog. Dies ist zwar sehr ungewiss, hätte aber zur Folge, dass zwar jedes Leben im Sonnensystem dieselbe Chiralität aufwiese, nicht aber unbedingt extrasolares Leben. Eine letzte Erklärung bezieht sich auf die direkte Reaktionsumgebung. Eine lehmige Oberfläche könnte durch ihre Beschaffenheit die räumliche Orientierung der Biomoleküle festgelegt haben.[36]

---

[35] Gleiser 2011, S. 296.
[36] Vgl. Gleiser 2011, S. 292ff.

Chirale Moleküle haben dieselben chemischen Eigenschaften, verhalten sich aber unterschiedlich bei Reaktionen mit anderen chiralen Molekülen und Katalysatoren mit entsprechender Raumstruktur. Lebewesen können daher auch nur Moleküle mit einer bestimmten Händigkeit verarbeiten, meist der L-Form. Vorstellbar wäre auch Leben mit der genau umgekehrten Chiralität all seiner Moleküle. Generell wird die Chiralität als universelle Eigenschaft des chemischen Aufbaus aller Lebewesen angesehen und daher auch als Biosignatur (vgl. Kapitel 1.2.3) bei der Suche nach Leben außerhalb der Erde verwendet.[37]

---

[37] Vgl. The Limits of Organic Life in Planetary Systems (verschiedene Autoren), The National Academies Press, Washington, D.C. 2007, S. 80; aufrufbar unter http://www.nap.edu/catalog.php?record_id=11919 (20.05.2012 21:36).

3. Zurück zum Beginn allen Lebens

3.1 Wieso entstand gerade auf der Erde Leben?

Um zu verstehen, wie sich auf anderen Planeten des Universums Leben entwickeln konnte oder kann, und welche Planeten dafür in Frage kommen, muss auch verstanden werden, warum gerade auf der Erde Leben entstand. Denn eine Suche nach lebensfreundlichen Planeten beruht immer auf der Erde als Vergleichsobjekt mit all ihren Eigenschaften.

Voraussetzung für die Existenz der Erde ist das Sonnensystem: ein geeignetes Planetensystem mit Ökosphäre. Der Stern eines solchen Systems muss eine Lebenszeit haben, die lang genug ist, damit Leben entstehen kann. Dafür benötigte es auf der Erde einige Milliarden Jahre. Außerdem darf der Stern nicht zu viel ultraviolette Strahlung aussenden, da diese das Leben beeinträchtigt. Es müssen UV-geschützte Zonen entstehen oder UV-absorbierende Flüssigkeiten, wie das Wasser, existieren. Des Weiteren dürfen die Gasriesen des Planetensystems kein Bahnchaos verursachen. Durch ihre große Schwerkraft können sie die Bahnen der anderen Planeten stören. Damit verbunden sind Bahnen, die nicht zu exzentrisch sind. Nur annähernd kreisförmige Umlaufbahnen um den Stern garantieren mehr oder weniger gleichmäßige Bedingungen während des ganzen Jahres.

Für den Planeten, auf dem das Leben entstehen soll, gelten auch bestimmte Anforderungen: So darf er nicht durch die Gezeitenkräfte der Sonne gestoppt werden – besonders entscheidend für die Entstehung von Leben ist die Drehung des Planeten um die eigene Achse, da sonst eine kalte und eine überhitzte Seite des Planeten entsteht. (Allerdings gibt es seit Neuestem Hypothesen, dass auch auf eben solchen Planeten Leben entstehen könnte, unter ganz bestimmten Bedingungen, siehe Kapitel 4.3). Eine weitere Voraussetzung ist genügend Masse, um eine Atmosphäre und die Meere zu erhalten, und eine Temperaturspanne, in der Wasser kontinuierlich in flüssiger Form existieren kann.[38] Letztere Voraussetzung bezieht sich zwar nur auf das von der Erde bekannte Leben; dieses ist aber auch die einzige Art von Leben, deren Entstehen wir bis heute analysieren können.

Forscher untersuchen hauptsächlich die Bedingungen auf der Erde während des Präkambriums, d.h. seit der Entstehung der Erde vor etwa 4,56 Mrd. Jahren bis zum Beginn des

---

[38] Vgl. Dagmar Röhrlich: Hallo? Jemand da draußen? – Der Ursprung des Lebens und die Suche nach neuen Welten, Springer Verlag/Spektrum Akademischer Verlag, Heidelberg 2008, S. 39.

Kambriums vor ca. 542 Mio. Jahren.[39] Innerhalb dieser Zeitspanne entwickelte sich die Erde in einer Art und Weise, die die Entstehung und Weiterentwicklung von Leben ermöglichte. Aktuelle Forschungen mit dem Ziel, erdähnliche Planeten oder gar Leben auf anderen Planeten zu finden, konzentrieren sich auf die Suche nach Planeten, die sich in einer des Präkambriums ähnlichen Stufe der Entwicklung befinden.

Verschiedene Faktoren trugen zur Entwicklung von Leben bei: Es existierten die wichtigen chemischen Elemente, die das Leben braucht: hauptsächlich Kohlenstoff, Wasserstoff, Sauerstoff, Stickstoff, Phosphor, Eisen und Schwefel. Auf der sogenannten *Urerde* schwankte die Temperatur nicht mit einer sehr großen Amplitude, sodass dauerhaft flüssiges Wasser vorhanden sein konnte. Die Schwerkraft war bereits ähnlich groß wie in der heutigen Zeit. Der Abstand der Erde von der Sonne bringt die Erde in die *habitable Zone*, also in einen Bereich, in dem nach unseren Vorstellungen Leben existieren kann, also u.a. Proteinstrukturen als Katalysatoren wirken können. Ebenso bildete sich auf der Urerde eine Ozonschicht, die die Erde effektiv vor UV- und sonstiger kosmischer Strahlung schützt. Auch das flüssige Wasser absorbierte die UV-Strahlung. Der ausreichende Atmosphärendruck trug auch zur Entstehung von Leben bei.[40]

Vor ca. 3,9 Mrd. Jahren begann auf der frühen Erde ein Meteoritenhagel, der mehrere Hundertmillionen Jahre andauerte. Im Innern vieler Meteoriten befanden sich Eiskristalle, die auf der Erde zu Wasser schmolzen. So entstanden im Laufe der Jahrmillionen Wasserbecken auf der mittlerweile festen Erdkruste der Urerde.

Am Grunde der Meere entstand dann – vor UV-Strahlung geschützt – das erste Leben. Das mit Mineralien und Kohlenstoff- sowie Proteinverbindungen aus den Meteoriten angereicherte Wasser ließ die ersten Mikroorganismen entstehen, die zunächst einen anaeroben Stoffwechsel besaßen und/oder Chemosynthesen durchführten. Es bildeten sich Stromatolithen – Bakterienkolonien, die als erste sauerstoffproduzierende Lebewesen gelten und noch heutzutage an verschiedenen Orten existieren. Unter Wasser waren die Bakterien in der Lage, Photosynthese zu betreiben und dabei Sauerstoff auszuscheiden. Es entstand innerhalb vieler weite-

---

[39] Vgl. http://de.wikipedia.org/wiki/Präkambrium (08.05.2012 18:28), Präkambrium - Wikipedia, Autor unbekannt.
[40] Vgl. Seckbach/Walsh 2009, S. xviii.

rer Jahrmillionen ein erheblich großer Anteil an Sauerstoff in der Atmosphäre, der eine Ozon-schicht und damit die Weiterentwicklung des Lebens auf dem Land ermöglichte.[41]

Wie genau Leben aus Unbelebtem entstehen konnte, ist noch nicht endgültig bewiesen. Im Jahre 1952 führte der Student Stanley Miller mit seinem Betreuer Harold Urey ein bahnbre-chendes Experiment durch. Er füllte Stoffe, die auf der jungen Erde existiert haben sollen, in einen Kolben. Enthalten waren u.a. Wasser, Ammoniak, Methan und Wasserstoff. Die Stoffe wurden im Kolben vermischt und elektrischen Ladungen ausgesetzt. Nach einiger Zeit ent-standen organische Verbindungen und Aminosäuren. Bei der Zugabe von Schwefelverbin-dungen bildeten sich sogar noch mehr Aminosäuren, außerdem ergab sich dasselbe Ergebnis bei der Verwendung von UV-Strahlung anstatt elektrischer Funken. Das Experiment bewies, dass es möglich ist, „aus am Leben unbeteiligten (abiotischen), anorganischen Stoffen am Leben beteiligte (biotische), organische Verbindungen zu erzeugen. […] Dieser Vorgang heißt *Abiogenese*, Leben aus Unbelebtem."[42]

3.2 Theorie der Panspermie

Die Panspermie ist eine sehr umstrittene Theorie über den Ursprung des Lebens auf der Erde. Viele Naturwissenschaftler lehnen sie ab, da sie zwar die Herkunft des Lebens auf der Erde erklären könnte, aber nichts über die eigentliche Entstehung von Leben aussagt: „Panspermia […] is not an option."[43]

Grundlage für die Theorie sind einige Funde von Meteoriten auf der Erde. Eingeschlossen im Gestein der Meteoriten waren verschiedene Aminosäuren, die auch in Lebewesen enthalten sind. Diese Funde, zusammen mit einigen von Sonden genommenen Proben von Meteoriten im All, verleiten dazu, die Entstehung des Lebens nicht auf der Erde selbst, sondern an belie-bigen anderen Orten im Universum zu suchen. Die Grundbausteine des Lebens könnten über Lichtjahre durchs All gereist sein und schließlich auf der Erde gelandet sein.

Dagegen spricht, dass alle bisher untersuchten Planeten außerhalb der Erde steril sind. Zudem fügen kosmische Strahlung und die eisigen Temperaturen dem Leben erheblichen Schaden zu, und der Aufprall des Meteoriten auf der Oberfläche der Erde sollte alles Leben in ihm zerstö-

---

[41] Vgl. „Die Erde – Ein Planet entsteht", N24 Dokumentation vom 27.12.2011, aufrufbar unter http://www.n24.de/mediathek/die-erde-ein-planet-entsteht-1_1524981.html (11.03.2012 18:06).
[42] Gleiser 2011, S. 252.
[43] Seckbach/Walsh 2009, S. xx.

ren.[44] Die Funde von Aminosäuren allerdings lassen einen neuen Gedankengang zu: Zwar wird jegliches Leben mit seinen Proteinstrukturen die kosmischen Bedingungen nicht überstehen, jedoch scheint die Strahlung, sowie die enormen Temperatureinflüsse und der Aufprall des Meteoriten, keinen Einfluss auf Aminosäuren zu haben. Aminosäuren und andere organische Moleküle könnten also aus dem Weltall auf der Erde gelandet sein und den Beginn des Lebens verursacht haben. Dabei bleibt die Frage offen, ob solch geringe Mengen an organischen Molekülen aus dem All als Auslöser für die enorme Vermehrung des Lebens auf der Erde ausreichen würden.

Die Theorie der Panspermie ermöglicht eine komplett neue Sichtweise auf das Leben. Sollten im Universum tatsächlich an verschiedensten Orten Grundbausteine des Lebens existieren, die auf jedem Planeten, der sich für die Vermehrung und Verbreitung eignet, d.h. auf dem erdähnliche Bedingungen herrschen, in kürzester Zeit Leben entstehen lassen, dann ist das Leben vielleicht gar keine Seltenheit, wie so oft angenommen.[45]

3.3 Entstehung des ersten Einzellers

Lebewesen bestehen aus Zellen, in denen, geschützt vor der Umwelt, verschiedenste chemische Reaktionen stattfinden. Selbst ein Einzeller besitzt eine schützende Membran. Diese Membran begrenzt den Reaktionsraum und ermöglicht so eine Anreicherung von Stoffen und eine Speicherung von Energie. Durch die Membran wird unkontrollierte Diffusion verhindert; dennoch findet aufgrund ihrer Semipermeabilität ein Stoffaustausch mit der Umgebung statt. Über die Entstehung der ersten Zelle, der Urzelle, kann nur gemutmaßt werden, denn es gibt keine Spuren der ersten Lebewesen auf der Erde.

Einer Theorie nach entstanden die ersten Zellen in flachen Tümpeln auf der Oberfläche der Erde, wo sich in erwärmtem Wasser „ausreichende Konzentrationen chemischer Stoffe [befanden,] und alles lief nach Plan"[46]. Die Stoffe reagierten miteinander, angetrieben von Ungleichgewichten, zu komplexer werdenden Molekülen und ganzen Reaktionssystemen. Diese Systeme waren in der Lage, ihrer Umwelt Energie zu entziehen und die Selbsterhaltung zu gewährleisten. Durch die Bildung einer halbdurchlässigen Membran um ein solches Reakti-

[44] Vgl. Seckbach/Walsh 2009, S. xx.
[45] Vgl. Gleiser 2011, S. 252f, sowie
http://www.nasa.gov/mission_pages/stardust/news/stardust_amino_acid.html (18.05.2012 18:27), Bill Steigerwald: NASA Researchers Make First Discovery of Life's Building Block in Comet.
[46] Gleiser 2011, S. 265.

onssystem entstand eine Protozelle. Eine solche Membran kann zufällig durch Blasenbildung in einer öligen Flüssigkeit entstanden sein. Die Fetttropfen fungierten dann als Protozellen und durch eine zufällige Spaltung der Tropfen fand die erste Reproduktion statt. Umgebungen mit einer Entwicklung von Protozellen werden als „Lipidwelten"[47] bezeichnet und könnten der Ursprung der ersten einzelligen Organismen, der Prokaryoten, gewesen sein.

Eine ganz andere Theorie, die seit neueren Forschungsergebnissen im Jahr 2002 weiterentwickelt wird, sagt die Entstehung von Leben an *Schwarzen Rauchern*, bestimmten hydrothermalen Quellen in der Tiefsee, voraus. Hydrothermale Quellen treten ähnlich wie Vulkane oder heiße Quellen am Meeresgrund auf, wenn Magma aus der Erdkruste bis an das Wasser des Ozeans reicht. Die besondere Struktur der *Schwarzen Raucher*, die wie meterhohe Schornsteine auf dem Meeresgrund stehen, enthält kleine Aushöhlungen. Diese könnten in der gleichen Weise wie biologische Zellen funktionieren und genau die richtige Umgebung für eine organische Chemie bereitstellen. Die hydrothermalen Quellen liefern dazu ausreichend Energie. Laut dieser Theorie wäre es möglich, dass auf jedem vulkanischen Planeten mit flüssigem Wasser Leben entstehen könnte.[48]

3.4 Die RNA-Welt

Eine große Frage bei der Suche nach dem Ursprung des Lebens ist, ob zuerst der Stoffwechsel oder zuerst die Genetik existierte. Die im vorherigen Kapitel vorgestellte Theorie der *Lipidwelten* geht zuerst vom Stoffwechsel aus. Im Gegensatz dazu wird häufiger die Gegenmeinung vertreten und dabei die RNA-Welt betrachtet.

In der RNA-Welt sind es RNA-Moleküle, die sich als erste komplexe biochemische Moleküle aus der großen Mischung verschiedenster Chemikalien abgrenzen. Sie sind in der Lage, drei wichtige Funktionen gleichzeitig zu erfüllen: Struktur, Katalyse und genetische Informationsspeicherung. Auch in modernen Zellen kann RNA immer noch alle drei Funktionen zu gewissen Teilen erfüllen. Sie speichert genetische Informationen, wie DNA, und zwar besonders in Viren. RNA ist wichtigstes Strukturelement des Ribosoms in jeder Zelle. Erst kürzlich wurde auch herausgefunden, dass RNA auch als Enzym, als Ribozym, zur Katalyse beiträgt.

---

[47] Gleiser 2011, S. 279.
[48] Vgl. Challoner 2005, S. 61.

Der Sprung zum modernen Leben kam, als die genetische Speicherung von der DNA über-nommen wurde, und Proteine Katalysatoren wurden.[49] Die Erkenntnis jedoch, dass RNA kei-ne weiteren Stoffe für die drei Funktionen benötigte, zeigt, dass eine RNA-Welt durchaus möglich ist.

In umfassenden Laborexperimenten wird untersucht, wie sich RNA auf der Urerde bilden konnte. Das Problem dabei war bis 2009 die Synthese der Nukleoside. Dann aber gelang unter UV-Strahlung und bei ca. 60°C die Herstellung von zwei der vier Nukleoside. Es zeigt, dass RNA theoretisch auch auf der Urerde synthetisiert werden konnte und so RNA-Welten er-möglichen würde.[50]

---

[49] Vgl. http://www.astrobio.net/amee/spring_2007/features_06.htm (19.05.2012 14:44), Toby Murcott: The Origin of Life – First Steps.
[50] Vgl. Gleiser 2011, S. 281f.

4. Die Suche nach Leben im All

4.1 Leben auf anderen Planeten und Monden im Sonnensystem

Die direkte Suche nach von der Erde bekannten Lebensformen im Universum beschränkt sich aufgrund der vorhandenen Technologie momentan auf unser Sonnensystem. Dabei werden verschiedene Arten von Sonden eingesetzt, die sogar die äußeren Planeten des Sonnensystems erreichen können. So erreichte im Juli 2004 die NASA-Raumsonde Cassini die Umlaufbahn des Planeten Saturn, zusammen mit der Raumsonde Huygens der ESA, die im Januar 2005 den Saturnmond Titan erreichte.[51] In den Ringen des Saturns konnte die Sonde Eispartikel entdecken. Da diese Eispartikel gewöhnlich mit der Zeit ins All diffundieren würden, suchten die Sonden nach einer Quelle. Auf dem Saturnmond Ensalados fand man schließlich unzählige Geysire, die heißes, flüssiges Wasser in den Saturnring ausstoßen.

Spuren von Wasser sind ein Indiz auf Leben, denn das von der Erde bekannte Leben benötigt flüssiges Wasser, um zu existieren (siehe Kapitel 2.1.1). Alternative Lebensformen könnten aber auch auf der Basis von flüssigen Kohlenwasserstoffen existieren (siehe Kapitel 2.1.2). Die Raumsonde Huygens durchdrang bei ihrer Reise zur Oberfläche des Saturnmondes Titan einen undurchsichtigen Nebel und entdeckte dann Seen aus flüssigen Kohlenwasserstoffen.[52] Zwar ist der Titan für menschliches Leben ungeeignet, andere, einfache mikroskopische Lebensformen könnten aber möglicherweise dennoch in dieser Umgebung leben.

Die größte Wahrscheinlichkeit für Leben außerhalb der Erde, aber innerhalb unseres Sonnensystems, sehen Astrobiologen auf dem Mars. Der Mars ähnelt der Erde wie kein anderer Planet des Sonnensystems und befindet sich nur knapp außerhalb der habitablen Zone. Ein Marstag (24,6 Stunden) und auch ein Marsjahr (669 Tage) liegen in derselben Dimension wie Tag und Jahr auf der Erde. Auch die Temperaturen sind in großer Näherung erdähnlich – sie steigen bis 25°C an, fallen allerdings bis -125°C. Der Mars hat eine Atmosphäre mit sehr geringer Dichte, die hauptsächlich aus Kohlendioxid besteht. Zwar ermöglicht diese CO_2-lastige Atmosphäre kein erdähnliches Leben, dass Sauerstoff für die Zellatmung benötigt, allerdings wurden schon Spuren von Wasser entdeckt, und es wird vermutet, dass auf dem Mars einst große Ozeane und Gletscher existierten. Leben auf der Oberfläche des Mars ist aber heutzutage unmöglich, da der Planet nicht über ein schützendes Magnetfeld verfügt, sodass die einst

[51] Vgl. http://saturn.jpl.nasa.gov/mission/saturntourdates/2004through2006saturntourhighlights/ (12.03.2012 17:11), Cassini Solstice Mission: 2004-2006 Saturn Tour Highlights, Autor unbekannt.
[52] Vgl. „Technik & Wissen – Geheimnisse des Weltalls: Raumsonden", N24 Dokumentation 2011.

sehr dichte Atmosphäre abgebaut von Sonnenwinden abgebaut wurde und daher kein Schutz vor kosmischer Strahlung mehr vorhanden ist.

1984 wurde in der Antarktis ein Meterorit, bezeichnet als ALH84001, gefunden, der vom Mars auf der Erde gelandet war. In diesem Meteoriten konnten angeblich Strukturen, die Fossilien von Bakterien ähnelten, und organische Rückstände der Bakterien gefunden werden. Allerdings sind diese Untersuchungsergebnisse nicht ganz eindeutig und stark umstritten.[53]

Astrobiologen sind sich sicher, dass in der Vergangenheit primitives, prokaryotisches Leben auf dem Mars existiert haben kann. Allerdings hatte es wenig Zeit, sich zu entwickeln.[54]

4.2 Entdeckung von Exoplaneten

Die Suche nach Leben im All kennt keine Grenzen – sie wird schon heute weit über unser Sonnensystem hinaus durchgeführt. Mit verschiedenen Methoden sucht man nach sogenannten Exoplaneten, extrasolaren Planeten also, Planeten außerhalb des Sonnensystems. Besonders interessant sind dabei die Planeten, die der Erde am ähnlichsten sind. Ganz im Gegensatz dazu wurden bisher aber deutlich mehr Gasriesen als annähernd erdähnliche Exoplaneten gefunden, was sich aber zurzeit ausschließlich auf die erhöhte Schwierigkeit der Aufspürung von kleinen Planeten zurückführen.

Im optischen Bereich sind Exoplaneten von der Erde aus mit den besten Teleskopen nicht sichtbar, da sie vom Licht ihres Sterns überstrahlt werden. Daher werden verschiedene Verfahren, die auf der Helligkeitsveränderung des Sterns beruhen, angewendet. Die erste ist die Radialgeschwindigkeitsmethode, die Schwankungen in der Helligkeit des Sterns aufgrund gegenseitiger Massenanziehung und daher Bewegung von Stern und Planet misst. Die meisten Exoplaneten wurden bisher mit dieser Methode entdeckt.[55] Eine weitere Methode ist die Transitmethode, die nur funktioniert, wenn der Planet von der Erde aus betrachtet immer wieder genau vor seinem Stern passiert. In diesem Fall kann ebenfalls über die Helligkeitsschwankung des Sterns auf den Planeten geschlossen werden.[56]

---

[53] Vgl. Challoner 2005, S. 65.
[54] Vgl. Seckbach/Walsh 2009, S. xx ff.
[55] Vgl. Sven Piper: Exoplaneten – Die Suche nach der zweiten Erde, Springer Verlag, Berlin/Heidelberg 2011, S. 56.
[56] Vgl. Piper 2011, S. 61.

Hinweise auf Leben auf Exoplaneten sind mit heutiger Technologie noch sehr schwierig zu sammeln. Ein Indiz ist die Präsenz von Wolken, die durch starke Reflexion des Lichts erkannt werden können. Wolken weisen auf eine dichte, eventuell wasserhaltige Atmosphäre hin. Sie sind wichtig für den Strahlungs-, Energie- und Niederschlagshaushalt des Planeten und können Leben begünstigen.[57]

Die NASA plant ein neues Projekt, das *Terrestrial Planet Finder* genannt wird und 2020 starten soll. Mit neuartigen, stärkeren Teleskopen, die mit Infrarotlicht arbeiten, soll die weitere Entdeckung und Analyse von Exoplaneten, insbesondere erdähnlichen Planeten, möglich werden. Die NASA sieht dazu vor, besonders die Atmosphären der entdeckten Planeten auf Kohlendioxid, Wasser und Ozon, sowie auch Methan zu untersuchen, da die Präsenz all dieser Gase die Existenz von Leben auf dem Planeten nahelegen würde.[58]

Anfang 2012 gelang Astronomen auch ein neuartiges Prinzip zur Entdeckung von Leben. Bei der Beobachtung des Mondes entdeckten die Astronomen Leben – auf der Erde. „Im sogenannten aschgrauen Mondlicht konnten die Forscher die Existenz von Ozeanen, wechselnder Bewölkung und sogar Vegetation nachweisen."[59] Diese neue, indirekte Methode zum Nachweis von Indizien auf Leben kann in Zukunft vielleicht auch auf weit entfernte Planeten, außerhalb unseres Sonnensystems, angewandt werden.

Bis zum Mai 2012 wurden 3012 Exoplaneten entdeckt, von denen 691 durch Mehrfachsichtung bestätigt wurden.[60] Eine der aktuellsten Entdeckungen ist Kepler-22b, ein erdähnlicher Planet in 600 Lichtjahren Entfernung von der Erde, der sich in der habitablen Zone seines Planetensystems befindet. Auf seiner Oberfläche herrschen ca. 22°C und der Planet besitzt mit nur der 2,4-fachen Erdmasse eine unter den entdeckten Exoplaneten eine bemerkenswert kleine Masse. Leben wäre auf Kepler-22b wahrscheinlich möglich.[61] Eine weitere Entdeckung ist der Planet GJ667Cc in nur 22 Lichtjahren Entfernung von der Erde. Dieser Planet

---

[57] Vgl. Piper 2011, S. 107.
[58] Vgl. http://planetquest.jpl.nasa.gov/overview/overview_index.cfm (20.11.2011 14:55) Searching for Earthlike Worlds, Autor unbekannt, nicht mehr aufrufbar; vgl. außerdem Challoner 2005, S. 75f.
[59] http://www.wissenschaft-aktuell.de/artikel/Astronomen_finden_Leben__ndash__auf_der_Erde_1771015588319.html (23.05.2012 21:27) Wissenschaft aktuell, Rainer Kayser: Astronomen finden Leben – auf der Erde.
[60] Vgl. http://planetquest.jpl.nasa.gov/ (23.05.2012 20:13) PlanetQuest – The Search for another Earth, Autor unbekannt.
[61] Vgl. Björn Lohmann: Ist das eine zweite Erde?, Neue Ruhr Zeitung, 07.12.2011.

ist eine Super-Erde aufgrund seiner 4,5-fachen Erdmasse, aber auch er befindet sich in der habitablen Zone um seinen Mutterstern.[62]

4.3 Leben auf nicht erdähnlichen Planeten

Zwar wurde bisher noch kein Leben auf anderen Planeten als der Erde gefunden, dennoch gibt es Überlegungen, wie Leben sogar auf nicht erdähnlichen Planeten entstehen könnte. Die zwei hypothetischen Planeten *Aurelia* und *Blue Moon* wurden von Wissenschaftlern entworfen, um zu demonstrieren, wie anpassungsfähig das Leben sein kann.[63]

4.3.1 Aurelia

Aurelia ist ein Planet, der einen Roten Zwerg umkreist. Ein Roter Zwerg ist ein Stern, der viel kleiner ist, als die uns bekannte Sonne. Aurelia muss einen deutlich geringeren Abstand zum Stern haben als die Erde zur Sonne, um sich in der habitablen Zone zu befinden. Daraus folgt zwingend, dass die Eigenrotation von Aurelia gestoppt wurde. Der Planet besitzt daher eine dunkle Seite mit Temperaturen weit unter 0°C, und eine helle Seite, auf der Ozeane mit flüssigem Wasser existieren können. Relativ zum Planeten verändert seine Sonne niemals die Position.

Das Hauptproblem der dunklen Seite des Planeten wäre, dass alle Gase der Atmosphäre auf dieser Seite kondensieren würden. Ein Zusammenbruch jeglicher Atmosphäre wäre die Folge. Hätte der Planet jedoch eine sehr dichte Atmosphäre, könnten sich neue Gase von der hellen auf die dunkle Seite bewegen und diese mit gespeicherter Wärme sogar etwas aufheizen. Eine zu dichte Atmosphäre jedoch könnte verhindern, dass genügend Licht auf der Oberfläche des Planeten ankommt. Die Lösung des Problems wäre ein Wasserkreislauf in den tiefen Ozeanen des Planeten. Die Ozeane könnten auch auf der dunklen Seite existieren, tief unter der Oberfläche und gewärmt durch Magma aus dem Planeteninnern. Kondensiertes Wasser von der dunklen Seite könnte über die Ozeane zurück auf die helle Seite gebracht werden, wo es wieder evaporieren und in die Atmosphäre steigen würde.

Wissenschaftler haben für Aurelia neue, aber ebenfalls kohlenstoffbasierte, Lebensformen entworfen, die sich den Bedingungen auf dem Planeten angepasst haben. So wurden hypothetische Lebewesen entwickelt, die über riesige Blätter mit der Hilfe von Photosynthese die

---

[62] Vgl. Forscher entdecken bewohnbare Super-Erde, Autor unbekannt, Westdeutsche Allgemeine Zeitung, 03.02.2012.
[63] Vgl. Challoner 2005, S. 80.

Energie des Roten Zwergs einfangen. Die Größe dieser Lebewesen ist dabei besonders in der sogenannten *Twilight Zone* von Aurelia entscheidend. Diese Zone ist die Übergangszone zwischen der dunklen und der hellen Seite, in der der Stern immer nur gerade über den Horizont scheint.[64]

4.3.2 Blue Moon

Blue Moon ist eigentlich nicht einmal ein Planet, sondern ein Mond eines Gasriesen. Dieser Gasriese umkreist aber nicht etwa, wie im Sonnensystem, nur einen Stern, sondern zwei – sogenannte Doppelsterne. Die Gravitationskräfte von Doppelsternen sind sehr komplex und lange wurde geglaubt, dass Planeten um Doppelsterne aus ihrer Bahn geschleudert werden würden. Neue Berechnungen hingegen zeigen, dass es einige Konfigurationen des Planetensystems gibt, in dem ein Planet für Milliarden von Jahren auf seiner Umlaufbahn bleiben könnte.

Blue Moon umkreist einen solchen Planeten. Der Mond selbst ist größer als jeder Mond im Sonnensystem, in etwa so groß wie die Erde selbst. Er ist umschlossen von tiefen Ozeanen und einer besonders dichten Atmosphäre mit reichem Sauerstoffgehalt. Die Entstehung von Leben wird dadurch enorm beschleunigt. Es entstehen beispielsweise Wälder mit Bäumen, die mehrere Kilometer hoch wachsen können.[65]

Wie Aurelia ist aber auch Blue Moon nur Vorstellung. Beide zusammen erweitern aber die Möglichkeiten der Existenz vom Leben im Universum und geben neue Richtungen für die Suche nach Leben im All an.

4.4 Die Suche nach intelligentem Leben - Die Drake-Gleichung

Leben außerhalb der Erde ist nicht mehr nur Fantasie. Forschungen zeigen, dass sich Leben durchaus auch an anderen Orten, als auf der Erde, entwickeln kann, und empirische Suchen nach terrestrischen Exoplaneten werden mit der Zeit immer erfolgreicher. Selbst wenn auf den gefundenen Planeten *nur* primitives Leben existiert, so ist weiterentwickeltes Leben, oder sogar intelligentes Leben, zumindest denkbar. Dabei wird Intelligenz im Allgemeinen an verschiedenen Merkmalen festgestellt, die das abstrakte Denken, Verstehen, Selbsterfahrung,

---

[64] Vgl. Challoner 2005, S. 76f u. S. 80.
[65] Vgl. Challoner 2005, S. 80 u. S. 93ff.

Kommunikation, Vernunft, Lernen, Emotionen, Erinnerung, Planung und Problemlösung einschließen.[66]

Das Universum hat eine immense Größe. Die Distanz zum nächstgelegenen Stern von der Erde, *Proxima Centauri*, beträgt vier Lichtjahre. Die schnellste Raumsonde, die zurzeit im All unterwegs ist, würde Proxima Centauri nach 80.000 Jahren erreichen. Auch mit schnelleren Sonden, die etwa doppelt so schnell reisen können, ist die Entfernung für den Menschen unüberwindbar. Theoretisch wären fusionsgespeiste Raketen oder solche, die sich mit der Energie aus dem Licht der Sonne fortbewegen können, denkbar und auch äußerst schnell – sie würden Proxima Centauri nach nur 50 Jahren erreichen. Allerdings gibt es um Proxima Centauri keine Planeten und damit auch kein Leben. Die direkte Begegnung zwischen dem Mensch und einer anderen intelligenten Zivilisation des Universums ist in dieser Hinsicht unmöglich.

Das Projekt *SERENDIP* (Search for Extraterrestrial Radio Emissions from Developed Intelligent Populations) fängt seit 1979 Radiosignale aus dem All mit Hilfe des größten Radioteleskops der Welt in Arecibo, Puerto Rico, ein. Das verknüpfte Projekt *SETI@home* (Search of Extra-Terrestrial Intelligence at home) ermöglicht mehr als fünf Millionen Internetnutzern, die Daten des Teleskops auf ihren Rechnern auswerten zu lassen. Über dieses Verfahren (*Distributed Processing* bzw. Verteiltes Rechnen) lassen sich die riesigen Datenmengen erheblich schneller auswerten. Bisher wurden allerdings noch keine Radiosignale gefunden, die auf außerirdische Intelligenz hinweisen. Um ein Radiosignal einer außerirdischen Zivilisation einzufangen, muss der Sender in Richtung des Sonnensystems gerichtet sein und der Empfänger auf der Erde muss genau zum richtigen Zeitpunkt in die richtige Richtung gedreht sein. Unter diesen Umständen ist „die Chance, eine authentische Nachricht einer extraterrestrischen Zivilisation zu entdecken, sehr gering"[67].

Frank Drake stellte 1961 seine Gleichung vor, mit der es möglich ist, eine Schätzung über die Anzahl der intelligenten außerirdischen Zivilisationen, mit denen wir in Kontakt treten können, vorzunehmen. Die sogenannte *Drake-Gleichung* (bzw. englisch *Drake Equation* oder auch *Green Bank Equation*) enthält eine Reihe aus Faktoren in logischer Abfolge.

---

[66] Vgl. http://en.wikipedia.org/wiki/Intelligence (09.05.2012 18:38), Intelligence - Wikipedia, Autor unbekannt.
[67] Challoner 2005, S. 119.

$R \cdot \times f_p \times n_e \times f_l \times f_i \times f_c \times L = N$

Auch wenn Frank Drake die Gleichung nicht direkt aufstellte, um mit ihr die Chancen auf außerirdischen Kontakt mit einer anderen Zivilisation zu errechnen, sondern viel eher die Forschung anregen wollte, löste er verschiedenste Schätzungen der Faktoren der Gleichung aus. Die Ergebnisse schwankten zwischen einer und vielen tausend außerirdischen Zivilisationen, mit denen wir jedes Jahr in Kontakt treten könnten.[68] Im Folgenden werden die Bedeutungen der einzelnen Faktoren erklärt und die Untersuchungsergebnisse bzw. Schätzungen aktueller Forschungen verwendet.

$R \cdot$ steht für die Anzahl der Sterne, die jedes Jahr in der Milchstraße entstehen. Aktuelle Schätzungen setzen diesen Wert auf 1. f_p gibt an, wie viele der Sterne überhaupt Planeten besitzen, und wird von Astronomen heute auf 0,5 gesetzt. n_e steht für die Anzahl der bewohnbaren Planeten pro Planetensystem. Dabei geht man davon aus, dass flüssiges Wasser auf dem Planeten vorhanden sein muss und setzt den Wert auf 0,01. f_l ist der Faktor, der die Entstehung von Leben auf einem geeigneten Planeten angibt. Aufgrund der Erkenntnis, dass sich Leben auf der Erde entwickelt hat, sobald es dazu die richtigen Umgebungsbedingungen gefunden hatte, wird der Faktor auf 1 gesetzt. f_i wiederum bezieht sich auf intelligentes Leben. Wie häufig entwickelt sich aus dem Leben auch intelligentes Leben? Eine Schätzung setzt den Faktor auf 0,001, d.h. nur in jedem tausendsten Fall entsteht aus Leben auch intelligentes Leben. f_c steht für den Anteil der intelligenten Zivilisationen, die auch über die Möglichkeit der interstellaren Kommunikation verfügen und Radiowellen senden und empfangen können. Dieser Faktor wird auf 0,1 gesetzt. L ist der letzte Faktor der Gleichung und gibt die durchschnittliche Überlebensdauer einer intelligenten Zivilisation, die alle vorherigen Voraussetzungen erfüllt, an. Je größer L, desto mehr Zeit bleibt zur Kontaktaufnahme. Aktuelle Schätzungen beziffern L mit 20.000.

Es würde den Rahmen dieser Arbeit sprengen, die verschiedenen Begründungen für die Schätzungen anzuführen.

$1 \times 0,5 \times 0,01 \times 1 \times 0,001 \times 0,1 \times 20.000 = 0,01$

Das Ergebnis laut aktueller Schätzungen ist eine intelligente Zivilisation in 100 Jahren, mit der wir in Kontakt treten können. Dieses Ergebnis fällt deutlich geringer aus, als die Ergebnisse von 1961 und zeigt den offensichtlichen Optimismus damaliger Wissenschaftler.

---

[68] Vgl. Challoner 2005, S. 118f.

Selbst wenn es wirklich diese eine Zivilisation gäbe, mit der wir in 100 Jahren in Kontakt treten könnten, - ganz davon abhängig, wo in der Milchstraße die Zivilisation zuhause wäre - bräuchte das Signal einige Jahre bis einige Jahrzehntausende, um sie zu erreichen. Eine Antwort würde ebenso lange zurück zu uns reisen. Unter diesen Voraussetzungen käme eine flüssige Konversation wohl nicht zustande.[69]

---

[69] Vgl. http://www.wdr.de/tv/quarks/sendungsbeitraege/2010/0202/005_exoplaneten.jsp (09.05.2012 19:38), Ulrich Grünewald: Die Drake-Gleichung - Quarks & Co - WDR Fernsehen bzw.
http://www.wdr.de/tv/quarks/sendungsbeitraege/2010/0202/flash/flashpopup.jsp (09.05.2012 19:41), Interaktive Simulation - Die Drake-Gleichung - Quarks & Co - WDR Fernsehen, Autor unbekannt.

III. Schluss

Die Suche nach Leben im Universum hat gerade erst begonnen. Die Entdeckung der ersten Exoplaneten liegt nur wenige Jahre zurück, und die Zahl der entdeckten Exoplaneten steigt schnell an. Immer neue Technologien ermöglichen die weitere, genauere Suche nach Leben im All.

Heutige Technologien ermöglichen die direkte Suche nach Leben nur innerhalb unseres Sonnensystems. Eine Sonde benötigt eine unvorstellbar lange Zeit, um die interstellaren Entfernungen zurückzulegen. Was aber, wenn in vielleicht baldiger Zukunft ganz neue Technik erlaubt, die enormen Distanzen tatsächlich in kurzer Zeit zu überbrücken? Wonach würde die Sonde suchen? Auf welches Leben könnte sie auf einem entfernten Exoplaneten stoßen?

Die Sonde könnte nach den Stoffen des irdischen Lebens suchen. In diesem Fall würde ihr aber alles Leben, das auf anderer chemischer Struktur beruht, entgehen. Die einfache Suche nach Wasser zum Beispiel würde nicht ausreichen. Eine Sonde muss nach bestimmten Strukturen suchen: nach energiereichen Molekülansammlungen, in erster Linie. Dieser energie- und stoffreiche Zustand muss von der Molekülansammlung, die im idealen Fall von einer Art schützender Membran umgeben ist, aufrecht erhalten werden. Sie befindet sich in einem Fließgleichgewicht, sodass ständig Stoffe mit der Umwelt ausgetauscht werden. Entscheidend ist außerdem die Existenz einer Art Bauplan innerhalb der Molekülansammlung, mit der sich das gesamte System reproduzieren kann. Die Sonde muss außerdem nach Spuren einer Evolution suchen, da sowohl bei der Individualentwicklung als auch bei der Reproduktion eines Lebewesens jeglicher Art die Dimension der Zeit existiert und sich das System außerdem außerhalb des Gleichgewichts befindet.

Die drei wichtigsten Punkte, die auf jedes Lebewesen zutreffen sollten, sind also energetische Kopplung und Energiespeicherung, ein Fließgleichgewicht und der Austausch von Stoffen mit der Umwelt, sowie die Dimension der Zeit, die durch die Evolution ausgedrückt wird. Wie aber kann eine Sonde nach solchen Merkmalen suchen?

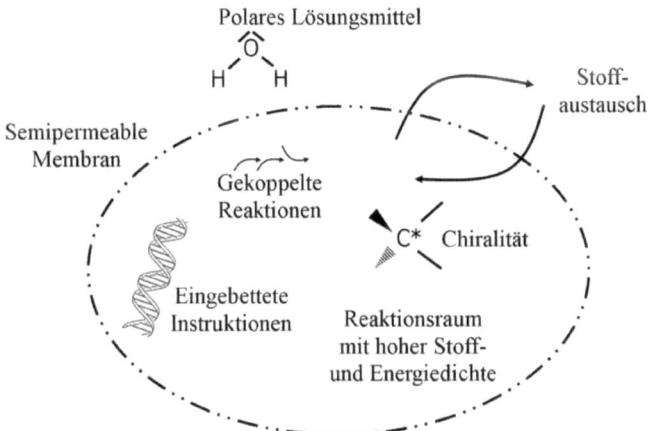

Schaubild der wichtigsten Eigenschaften eines Lebewesens (Eigenproduktion)

Der Aspekt der Evolution lässt sich mit einer möglichen konvergenten Evolution veranschaulichen. Die These der konvergenten Evolution ist, dass nicht verwandte Lebewesen, die sich an komplett verschiedenen Orten im Universum und zu unterschiedlichen Zeiten entwickeln, trotzdem ähnliche Mechanismen ausprägen können, um bestmöglich mit ihrer Umwelt zu interagieren. Ein Beispiel davon ist die optische Wahrnehmung: Es existieren mehr als 40 verschiedene Arten der optischen Wahrnehmung, über das kameraähnliche Auge beim Menschen bis hin zu Facettenaugen bei Insekten.[70] Eine Sonde könnte auf fernen Planeten Mechanismen finden, die denen bei Lebewesen auf der Erde ähneln.

Ein weiteres Merkmal, das eine Sonde suchen sollte, ist die Chiralität, die absolut charakteristisch für das Leben zu sein scheint. Genauso kann nach Verbindungen aus Kohlenstoffen oder aber anderen geeigneten Stoffen wie zum Beispiel Ammoniak gesucht werden.

Das Leben ist und bleibt vorerst ein Geheimnis der Natur. Nur einige Zusammenhänge können erklärt werden, zu ungenau sind die exaktesten Beschreibungen des Lebens. Die Schwierigkeit, das Leben zu erkennen, bleibt: Für viele Wissenschaftler zählt Materialismus pur. Es gibt für sie keine besondere Kraft des Lebens. „Jede Wirkung [muss] eine Ursache haben […] und allem [liegt] eine physikalische Struktur zugrunde […]."[71] Denn wer weiß schon, was uns

---

[70] Challoner 2005, S. 69.
[71] Stellungnahme von Prof. Lisa Randall (US-amerikanische Physikerin) aus: Gibt es andere Universen – und wie viele?, Die Zeit, 03.05.2012.

noch alles im Universum erwartet? Das Universum scheint grenzenlos, und ebenso unbegrenzt muss seine Vielfalt sein. Es könnte außer uns anderes Leben im Universum existieren. Die praktisch unendliche Größe trägt eine hohe Wahrscheinlichkeit dessen mit sich. Und so bleibt die Herausforderung bestehen, die besondere physikalische Struktur, die man „Leben" nennt, in der Weite des Universums aufzufinden und zu erkennen.

Im Rahmen des Projektes habe ich einige Institute kontaktiert. Zunächst das Institut für Luft- und Raumfahrtmedizin am Deutschen Zentrum für Luft- und Raumfahrt (DLR), Abteilung Astrobiologie, wo ich mit Fr. Dr. Panitz per E-Mail Kontakt hatte, allerdings leider keine nennenswerten Informationen bekommen konnte. Die Abteilung Astrobiologie beschäftigt sich mit der Erforschung von Leben bei extremen Umweltbedingungen und der Suche nach Leben auf anderen Planeten im Weltall. Dazu berichtete die Frankfurter Allgemeine Zeitung am 14.03.2012 über die Entwicklung eines Eisbohrers, mit dem auf dem Saturnmond Enceladus nach Mikroorganismen gesucht werden soll[72]. An der Entwicklung sind Ingenieure des DLR maßgeblich beteiligt. Des Weiteren habe ich das Institut für Planetenforschung (ebenfalls DLR), Abteilung Extrasolare Planeten und Atmosphären sowie die Arbeitsgruppe Helmholtz-Allianz „Planetenentwicklung und Leben", die sich aus Wissenschaftlern verschiedener Institute des DLR und anderer Zentren zusammensetzt. Leider habe ich weder vom erwähnten Institut noch von der Arbeitsgruppe eine Antwort auf mein Schreiben erhalten.

Im April besuchte ich außerdem mit dem Projektkurs die TectoYou auf der Messe in Hannover, um einen Einblick in die neuesten Errungenschaften der Wissenschaft und Technik zu erlangen.

---

[72] Vgl. Ein irdischer Eisbohrer für Enceladus, Autor unbekannt, Frankfurter Allgemeine Zeitung, 14.03.2012.

IV. Literaturverzeichnis

Bortman, Henry: The Search for Life on Earth, Astrobiology Magazine,
http://www.astrobio.net/exclusive/3148/the-search-for-life-on-earth (14.03.2012 19:19).

Breddin, Jan: Vergleich Kohlenstoff und Silizium,
http://www.studentshelp.de/d/referate/pdf/3186.pdf (19.05.2012 13:27).

Challoner, Jack: *The Science of... Aliens*, Prestel Verlag,
München/Berlin/London/New York 2005.

Claus, Roman u.a.: *Natura 1, Biologie für Gymnasien Nordrhein-Westfalen (2. Auflage)*,
Klett, Stuttgart 2004.

Darling, David: Silicon-based Life,
http://www.daviddarling.info/encyclopedia/S/siliconlife.html (19.05.2012 13:37).

Des Marais, David J. u.a.: NASA Astrobiology Roadmap 2008,
http://astrobiology.nasa.gov/index.php?s=file_download&id=21 (09.02.2012 18:06).

Frankfurter Allgemeine Zeitung, Ein irdischer Eisbohrer für Enceladus, Autor unbekannt,
14.03.2012.

Gleiser, Marcelo: *Die unvollkommene Schöpfung*, Spektrum Verlag/Springer Verlag, Heidelberg 2011.

Grünewald, Ulrich: Die Drake-Gleichung - Quarks & Co - WDR Fernsehen
http://www.wdr.de/tv/quarks/sendungsbeitraege/2010/0202/005_exoplaneten.jsp (09.05.2012
19:38), bzw. Interaktive Simulation - Die Drake-Gleichung - Quarks & Co - WDR Fernsehen,
Autor unbekannt,
http://www.wdr.de/tv/quarks/sendungsbeitraege/2010/0202/flash/flashpopup.jsp (09.05.2012
19:41).

Hunter, Lawrence E.: *The Processes of Life, An Introduction to Molecular Biology*, The
MIT Press (Massachusetts Institute of Technology), Cambridge, Massachusetts 2009.

Kaulen, Hildegard: Das andere Alphabet, Frankfurter Allgemeine Zeitung, 25.04.2012.

Kayser, Rainer: Astronomen finden Leben – auf der Erde, Wissenschaft aktuell,
http://www.wissenschaft-aktuell.de/artikel/Astronomen_finden_
Leben__ndash__auf_der_Erde_1771015588319.html (23.05.2012 21:27).

Lohmann, Björn: Ist das eine zweite Erde?, Neue Ruhr Zeitung, 07.12.2011.

Moskowitz , Clara: Amino Acid Alphabet Soup, Astrobiology Magazine,
http://www.astrobio.net/exclusive/4161/amino-acid-alphabet-soup (21.05.2012 12:15).

Mullen, Leslie: Defining Life, Astrobiology Magazine,
http://www.astrobio.net/exclusive/226/defining-life (14.03.2012 19:39).

Murcott, Tobi: The Origin of Life – First Steps,
http://www.astrobio.net/amee/spring_2007/features_06.htm (19.05.2012 14:44).

NASA, Cassini Solstice Mission: 2004-2006 Saturn Tour Highlights, Autor unbekannt,
http://saturn.jpl.nasa.gov/mission/saturntourdates/2004through2006saturntourhighlights/
(12.03.2012 17:11).

NASA, PlanetQuest – The Search for another Earth, Autor unbekannt,
http://planetquest.jpl.nasa.gov/ (23.05.2012 20:13).

NASA, Searching for Earthlike Worlds, Autor unbekannt, nicht mehr aufrufbar,
http://planetquest.jpl.nasa.gov/overview/overview_index.cfm (20.11.2011 14:55).

N24, „Die Erde – Ein Planet entsteht", N24 Dokumentation vom 27.12.2011, aufrufbar unter
http://www.n24.de/mediathek/die-erde-ein-planet-entsteht-1_1524981.html (11.03.2012
18:06).

N24, „Technik & Wissen – Geheimnisse des Weltalls: Raumsonden", N24 Dokumentation
vom 08.10.2011, aufrufbar unter http://www.n24.de/mediathek/
technik-und-wissen-geheimnisse-des-weltalls-raumsonden_29174.html (11.03.2012 16:57).

Piper, Sven: *Exoplaneten – Die Suche nach der zweiten Erde*, Springer Verlag, Ber-
lin/Heidelberg 2011.

Randall, Prof. Lisa: Stellungnahme in: Gibt es andere Universen – und wie viele?, Die Zeit,
03.05.2012.

Rauchfuß, Horst: *Die chemische Evolution und der Ursprung des Lebens*, Springer Verlag,
Heidelberg 2005.

Röhrlich, Dagmar: *Hallo? Jemand da draußen? – Der Ursprung des Lebens und die Suche nach neuen Welten*, Springer Verlag/Spektrum Akademischer Verlag, Heidelberg 2008.

Seckbach, Joseph und Walsh, Maud: *From Fossils to Astrobiology*, Springer Science +
Business Media B.V., Jerusalem/Los Angeles 2009.

Steigerwald, Bill: NASA Researchers Make First Discovery of Life's Building Block in Comet, http://www.nasa.gov/mission_pages/stardust/
news/stardust_amino_acid.html (18.05.2012 18:27).

The National Academies Press: *The Limits of Organic Life in Planetary Systems*,
verschiedene Autoren, Washington, D.C. 2007; aufrufbar unter
http://www.nap.edu/catalog.php?record_id=11919 (20.05.2012 21:36).

Vintiñi, Leonardo: Was ist Leben?, Epoch Times Deutschland,
http://www.epochtimes.de/587404_was-ist-leben-.html (14.03.2012 19:28).

Westdeutsche Allgemeine Zeitung, Forscher entdecken bewohnbare Super-Erde, Autor unbekannt, 03.02.2012.

Wikipedia, Great Barrier Reef, Autor unbekannt,
http://en.wikipedia.org/wiki/Great_Barrier_Reef (02.04.2012 13:03).

Wikipedia, Hypothetical types of biochemistry, Autor unbekannt,
http://en.wikipedia.org/wiki/Hypothetical_types_of_biochemistry (20.05.2012 13:43).

Wikipedia, Intelligence, Autor unbekannt, http://en.wikipedia.org/wiki/Intelligence
(09.05.2012 18:38).

Wikipedia, Präkambrium, Autor unbekannt, http://de.wikipedia.org/wiki/Präkambrium
(08.05.2012 18:28).